www.ingramcontent.com/pod-product-compliance
Lightning Source LLC
Chambersburg PA
CBHW080230180526
45158CB00010BA/2894
9781097259342